Mathi

begleitet dich durch das Heft
mit guten Tipps und Beispielen,
wie eine Aufgabe zu lösen ist.

Mein Name ist ______________________________.

Ich verbringe die Ferien mit Mathi.

Inhalt

Hier hat Mathi für jede Woche ein Zahlenrätsel für dich erfunden. Mit den Seitenzahlen wird ein Rechenbaum ausgefüllt. Trage die Seitenzahlen richtig ein. Jede Zahl darf in den farbigen Feldern nur einmal vorkommen.

1. Woche

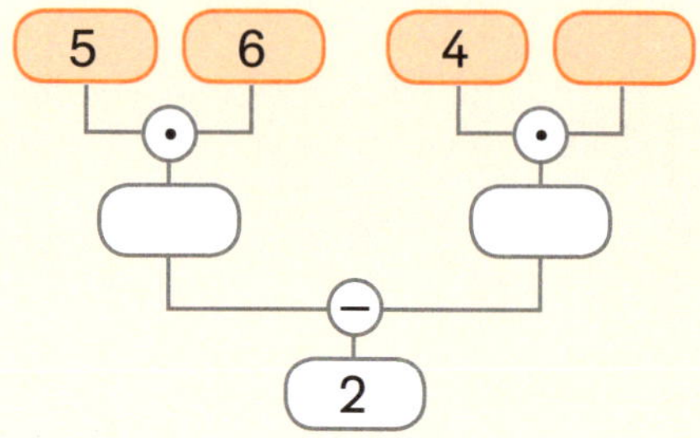

2. Woche

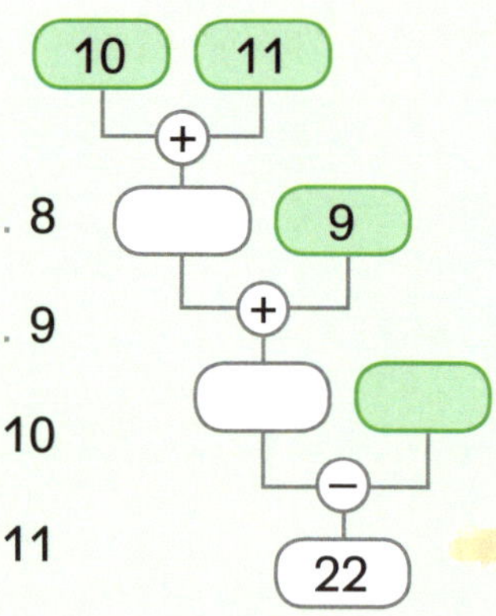

3. Woche

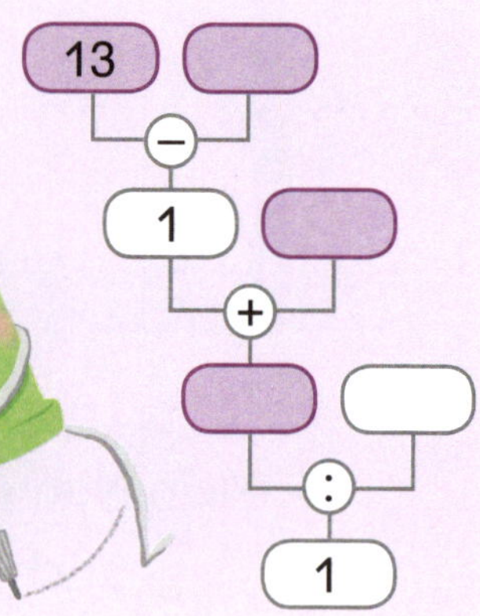

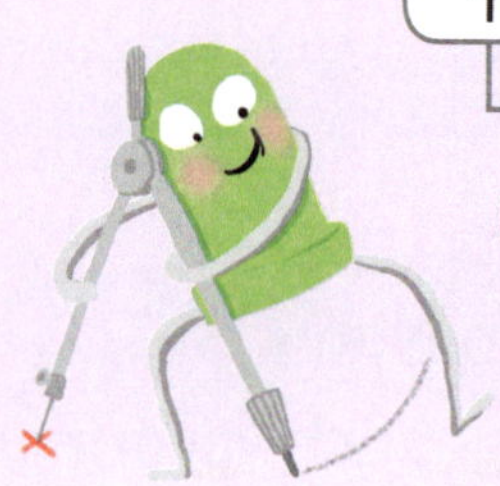

4. Woche

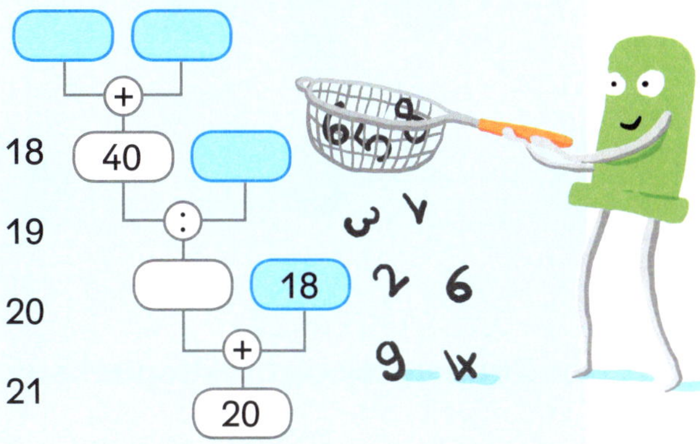

5. Woche

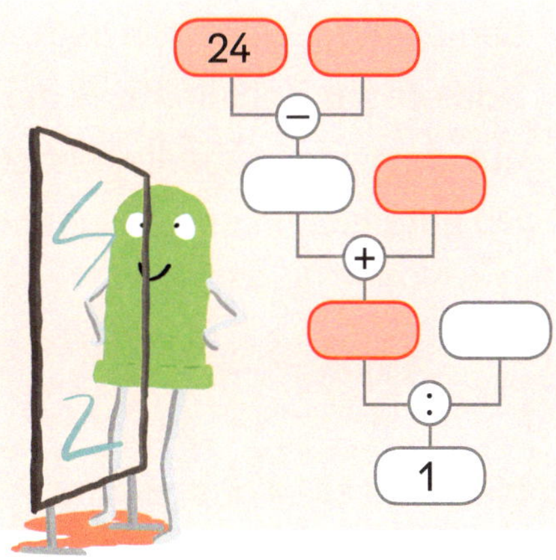

6. Woche

Zauberdreiecke

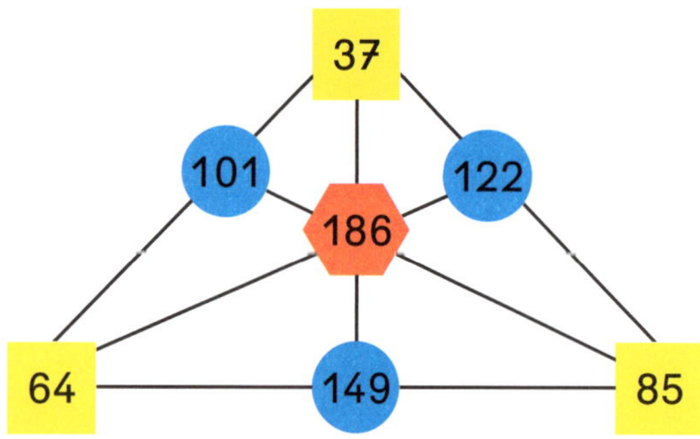

Das Zauberdreieck funktioniert so:

- Addiere zwei Zahlen aus den Quadraten.
- Schreibe die Summe in den Kreis, der zwischen den beiden Quadraten liegt.
- Addiere zur Zahl im Kreis die Zahl aus dem gegenüberliegenden Quadrat.
- Du erhältst immer die Summe im Sechseck.

Tipp
Addiere die drei Eckzahlen in den Quadraten.

Probiere es selbst aus. Benutze dafür die leeren Zauberdreiecke.
Überlege dir zuerst Zahlen für die Quadrate.
Schreibe sie in die Quadrate.
Dann geht es so weiter, wie im Beispiel beschrieben.

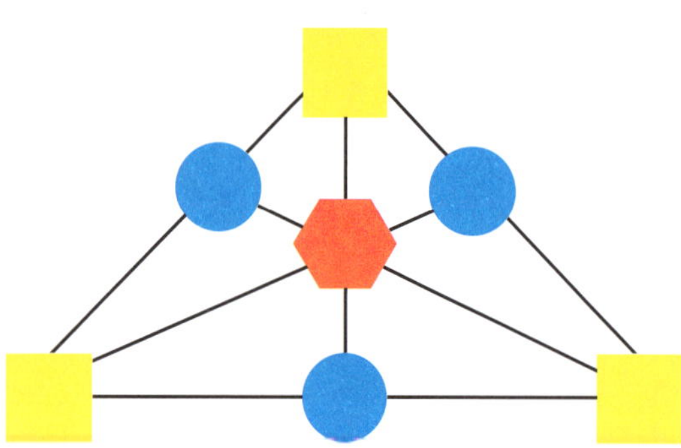

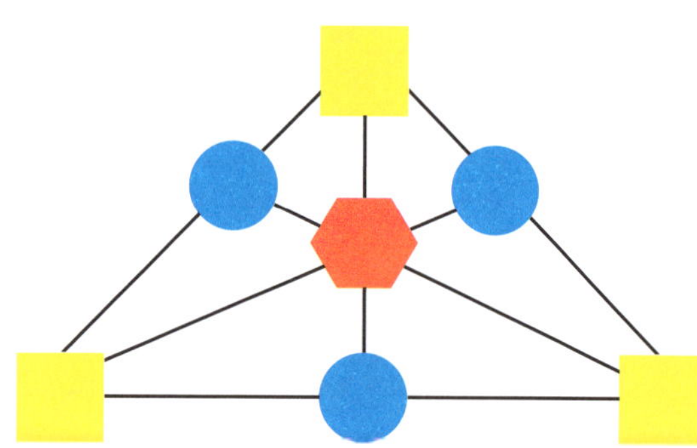

Zahlentrichter

Mathi hat einen wunderbaren Zahlentrichter erfunden.
In die farbig ausgefüllten Felder wird immer die Ausgangszahl eingesetzt.

312	·	3	=	936
936	+	6	=	942
942	−	312	=	630
630	:	2	=	315
315	−	312	=	3

Rechne mit den beiden Zahlen, die neben dem Trichter liegen.
Probiere auch eigene Zahlen aus.

	·	3	=			·	3	=			·	3	=	
	+	6	=			+	6	=			+	6	=	
	−		=			−		=			−		=	
	:	2	=			:	2	=			:	2	=	
	−		=	3		−		=	3		−		=	3

Verborgene Begriffe

In diesem Buchstabenfeld kannst du Wörter entdecken.
Es sind die Namen von Flächen und Körpern dabei. Die Wörter können waagerecht →, senkrecht ↓ oder diagonal ↘↗ geschrieben sein.

Suche die Namen für Flächen und Körper und kreise sie ein.

K	L	A	S	S	E	K	B	Q	Z	R
Y	D	R	E	I	E	C	K	U	Y	O
D	P	K	E	G	E	L	U	A	L	S
R	Y	R	O	C	K	W	G	D	I	E
A	R	E	A	A	H	R	E	R	N	J
C	A	I	R	O	X	T	L	A	D	R
H	M	S	M	F	U	S	E	T	E	U
E	I	T	R	A	P	E	Z	C	R	H
N	D	H	R	L	M	A	U	S	K	M
Ä	E	R	O	T	Q	U	A	D	E	R
W	Ü	R	F	E	L	R	H	U	N	D

Zifferntreppen

Mathi ist
in einer alten Burg
unterwegs.
Es gibt viele Treppen.
Wenn Mathi zu weit
nach oben kommt,
gibt es einen Trick,
mit dem es wieder
nach unten geht.

Wenn du zu einer aufsteigenden Treppe mit **drei** Ziffern 198 addierst, erhältst du eine absteigende Zifferntreppe als Ergebnis.

345	234	678	123	567
+ 198	+ 198	+ 198	+ 198	+ 198
543	....	....	....	....

Finde heraus, welche Rechnung aus den absteigenden Zifferntreppen aufsteigende Treppen macht.

765	432	987	543	321
☐	☐	☐	☐	☐
567	....	....	....	....

Wie geht es, eine aufsteigende Treppe mit **vier** Ziffern in eine absteigende Treppe umzuwandeln? Und umgekehrt?
Nutze für beide Verwandlungen die Zahl 3087.

6789	4567	5678	6543	5432
☐	☐	☐	☐	☐
....	....	....	....	....

In Ägypten vor 4000 Jahren

Vor über 4 000 Jahren rechneten die Ägypter beim Multiplizieren ohne das Einmaleins. Sie verwendeten nur das Verdoppeln und die Addition.

alte ägyptische Zeichen für Zahlen	
	1
	10
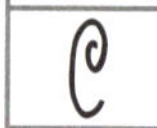	100
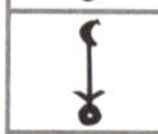	1 000
	10 000
	100 000

Ägyptische Multiplikation

Beispiel:
14 • 16

zuerst verdoppeln

1 • 16 = 16
2 • 16 = 32
4 • 16 = 64
8 • 16 = 128
16 • 16 = 256

dann auswählen und addieren

~~1 • 16 = 16~~
2 • 16 = 32
4 • 16 = 64
8 • 16 = 128
~~16 • 16 = 256~~
14 • 16 = 224

Rechne wie die Ägypter.

23 • 19
1 • 19 =
2 • 19 =
4 • 19 =
8 • 19 =
16 • 19 =

18 • 24
1 • 24 =
2 •
4 •
8 •
16 •

31 • 18

Überprüfe die Ergebnisse mit dem Rechenverfahren, das du gelernt hast.

Magische Quadrate

Bei magischen Quadraten sind die Zahlen so angeordnet, dass sie immer die gleiche Summe ergeben, wenn du so addierst:

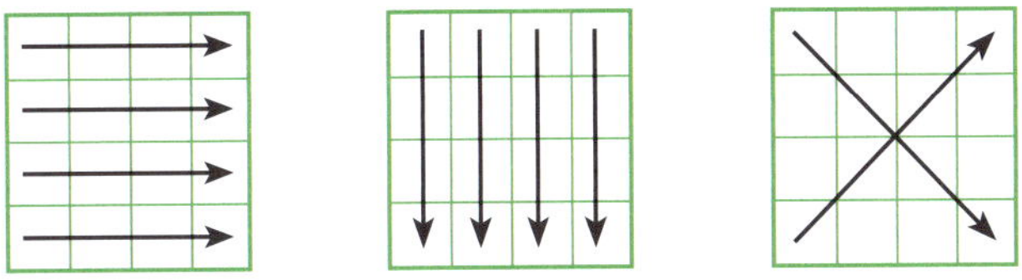

Du kannst selbst ohne Zauberei ein magisches Quadrat herstellen.

1	2	3	4
5	6	7	8
9	10	11	12
13	14	15	16

1. Schritt:
Zahlen nach der Reihe aufschreiben.

16	2	3	13
5	6	7	8
9	10	11	12
4	14	15	1

2. Schritt:
Eckzahlen über Kreuz tauschen.

16	2	3	13
5	11	10	8
9	7	6	12
4	14	15	1

3. Schritt:
Innere Zahlen ebenfalls über Kreuz tauschen.

Probiere es mit eigenen Zahlen aus.

Beginne mit einer beliebigen Zahl links oben.
Schreibe dann der Reihe nach mit + 1 immer die nächste Zahl.

Beispiel:

7	8	9	10

Das Dürer-Quadrat

Albrecht Dürer war ein berühmter deutscher Maler. Vor etwa 500 Jahren hat er dieses Quadrat mit Zahlenfeldern in einem seiner Bilder verwendet.

In der damaligen Zeit wurden die Ziffern etwas anders geschrieben.

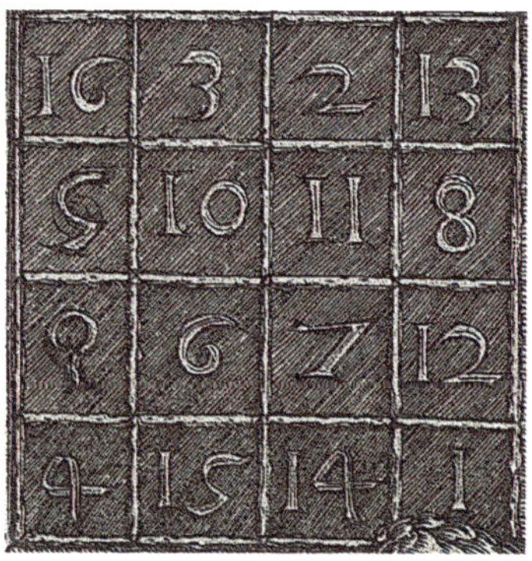

Schreibe die Zahlen von 1 bis 16 mit den heutigen Ziffern in der gleichen Anordnung auf.
Wenn du die Zahlen in den vier markierten Feldern addierst, erhältst du die Summe: ______

Die Summe aus vier Zahlen ist noch in vielen anderen Anordnungen in dem Quadrat versteckt. Deshalb wird sie auch „magische Summe“ genannt.

Wie viele verschiedene solcher Anordnungen aus vier Feldern findest du? Markiere sie in diesen Quadraten:

Hilfe für den Baumeister

Mathi hat fünf Bauwerke errichtet. Jedes Bauwerk besteht aus genau 9 Würfeln.
Für das Bauwerk A hat er den Plan A benutzt.

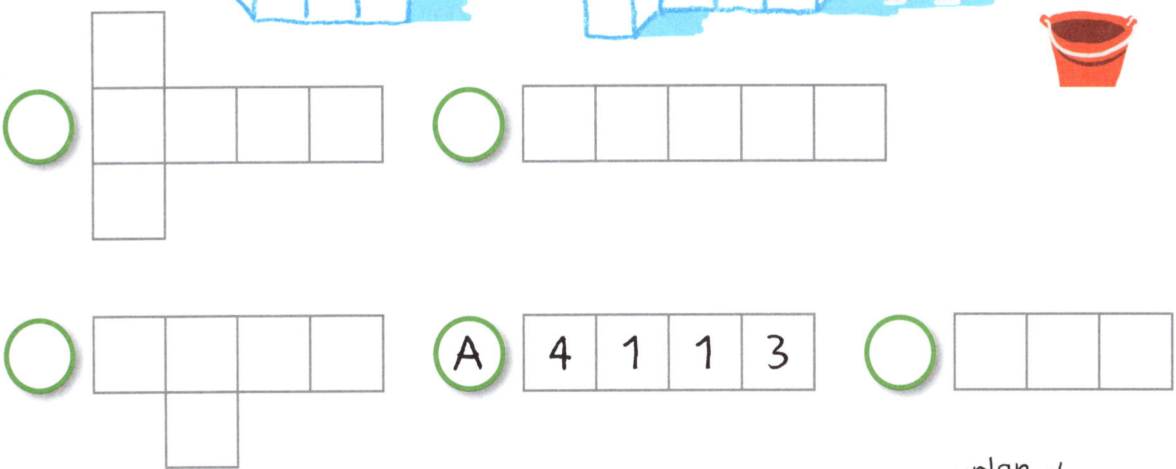

Ein guter Bauplan, der ist wichtig,

Finde für jedes Bauwerk den passenden Plan.
Schreibe vor den Plan den gleichen Buchstaben,
den das Bauwerk hat.

In vier Plänen fehlen die Informationen,
wie viele Stockwerke die einzelnen Abschnitte haben.
Trage die Anzahl der Stockwerke ein. Dann sind die Baupläne vollständig.

Ein Kunstwerk mit dem Zirkel

In alten Kirchen kannst du oft interessante Fenster entdecken. Einige sind rund und symmetrisch.

Hier kannst du ein Muster farbig gestalten.

- Übertrage zuerst die Linien symmetrisch in die freien Abschnitte. Benutze dazu einen Zirkel und ein Lineal.
- Wenn du das Muster ausmalst, kannst du entscheiden, ob du die Farben ebenfalls symmetrisch verteilst oder nicht.

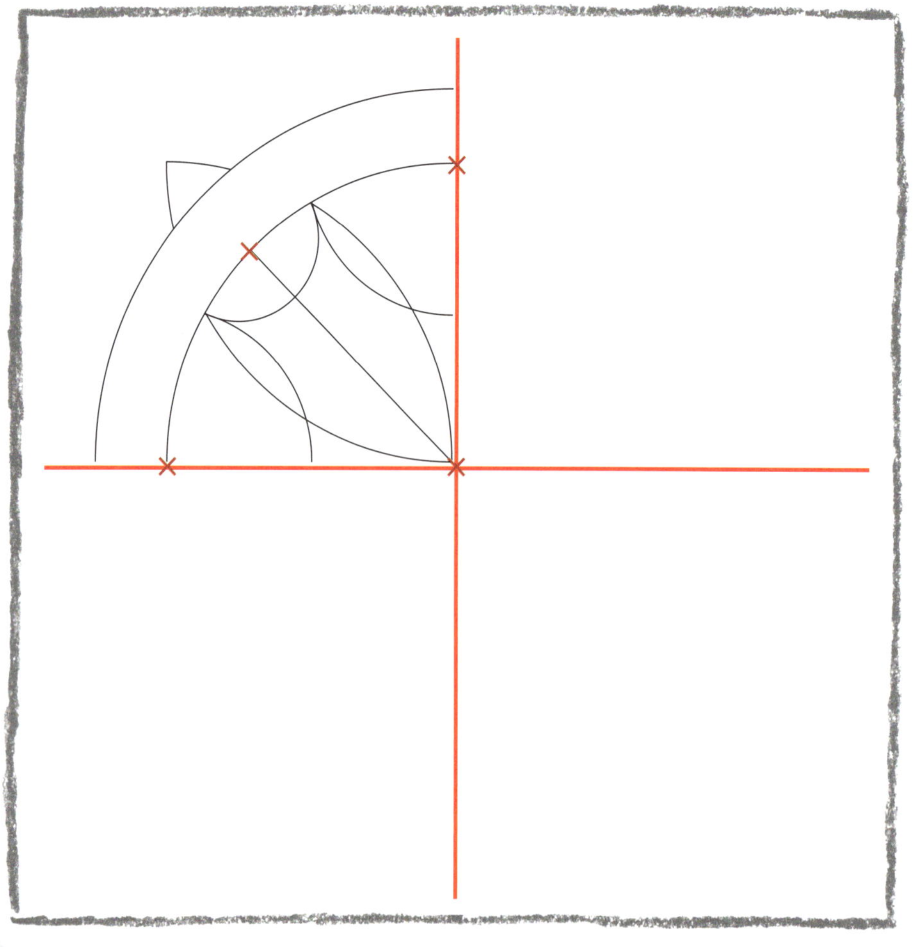

Quersummen

Wenn du die Ziffern einer Zahl addierst, erhältst du die Quersumme (QS) dieser Zahl.

Beispiel:

Zahl	Quersumme (QS)
2495	2 + 4 + 9 + 5 = 20

Bilde die Quersummen und trage sie in die Tabelle ein.

Zahl	Quersumme (QS)
23 457	
76 024 743	
563 947	

Ergänze die Zahlen, damit sie zu den angegebenen QS passen.

Zahl	Quersumme (QS)
76 2☐4	= 23
7☐4 331	= 19
6 334 45☐	= 25

Wenn du die Ziffern einer Quersumme addierst, kannst du wieder eine Quersumme bilden. Das geht so lange, bis schließlich die letzte Quersumme (LQS) entsteht.

Beispiel:

Zahl	Quersumme (QS)	Letzte Quersumme (LQS)
73 358	7 + 3 + 3 + 5 + 8 = 26	2 + 6 = 8

Bilde die letzten Quersummen (LQS) und trage sie in die Tabelle ein.

Zahl	Quersumme (QS)	Letzte Quersumme (LQS)
75 427		
103 535		
542 891		

Rechnen wie Adam Riese

Der Rechenmeister Adam Riese lebte vor etwa 500 Jahren. Er entwickelte ein Verfahren, mit dem er die Ergebnisse von Rechnungen überprüfen konnte. Dazu nutzte er letzte Quersummen (LQS).

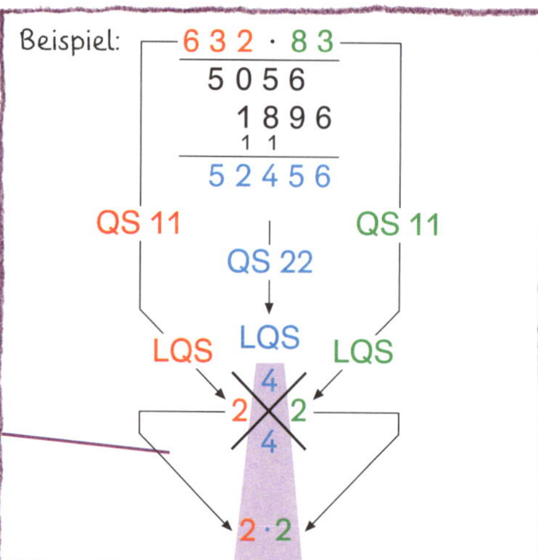

Wenn diese beiden LQS übereinstimmen, ist das Ergebnis meistens richtig.

Überprüfe mit dem Verfahren von Adam Riese, ob diese Ergebnisse richtig sind.
Korrigiere die falschen Ergebnisse.

435 · 553 = 240555 ______	
7206 · 208 = 1498858 ______	
3618 · 187 = 676566 ______	
3424 · 209 = 715616 ______	
7590 · 576 = 4381840 ______	

Malaufgaben, so wie diese,

Sudoku

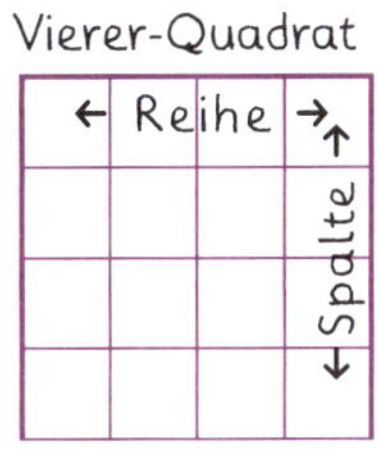

Sudoku-Quadrate sind keine magischen Quadrate.
Beim Sudoku-Spiel kommt es darauf an, dass die Ziffern in einer ganz bestimmten Weise angeordnet werden.

		1	
	3		4
3		4	
	2		

In diesem Sudoku-Quadrat geht es um die Ziffern 1 bis 4. In jeder Reihe und in jeder Spalte müssen die vier Ziffern **genau einmal** vorkommen, keine Ziffer darf fehlen, keine darf doppelt sein. Ebenso müssen in jedem kleinen Vierer-Quadrat alle vier Ziffern vorkommen.

Probiere es aus.

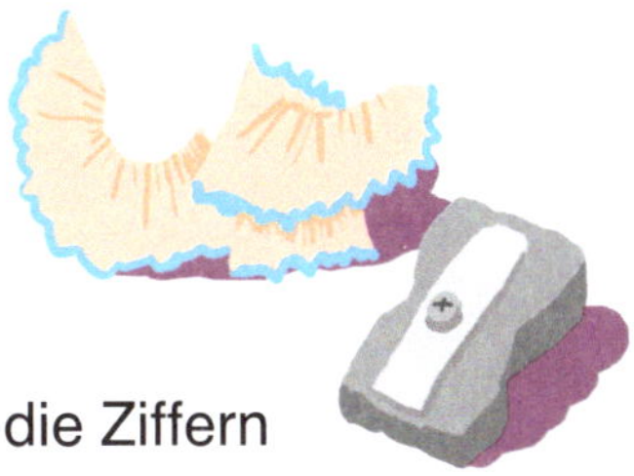

Im zweiten Sudoku-Quadrat sind die Ziffern 1 bis 6 nach den gleichen Regeln anzuordnen. In dieser Form gibt es Sechser-Rechtecke anstelle der kleinen Vierer-Quadrate.

2					1
	1			2	
		6	1		
		5	2		
	4			6	
3					5

Dreierreihe

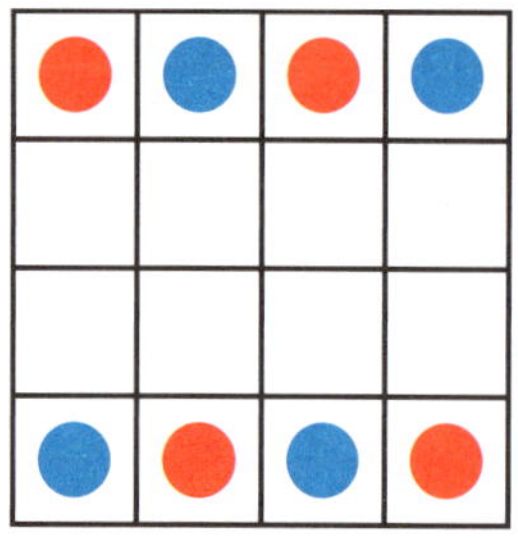

Spielfeld
Je vier Spielsteine einer Farbe werden so in das Spielfeld gelegt.

Spielregel
Es wird abwechselnd gezogen. Ein Zug in ein leeres Feld kann nach unten, nach oben, nach rechts oder nach links erfolgen. Die Spielsteine dürfen nicht diagonal gezogen werden. Gewonnen hat, wer zuerst drei eigene Spielsteine nebeneinander, untereinander oder in diagonaler Richtung in einer Reihe liegen hat.

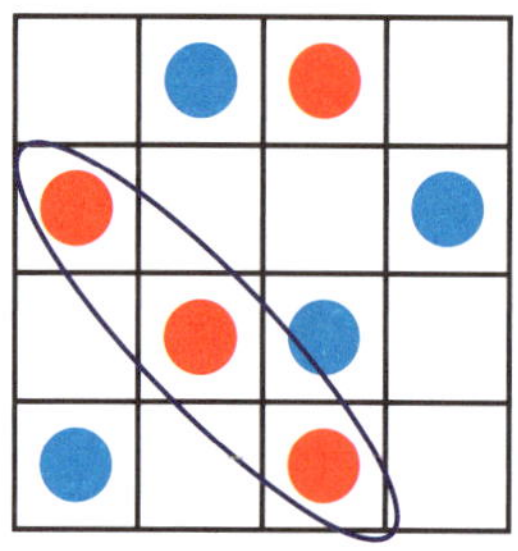

In diesem Beispiel hat Rot gewonnen.

Suche Spielsteine, die in das Spielfeld passen: Münzen, kleine Steine, Knöpfe …
Du kannst auch im Freien spielen. Das Spielfeld ist schnell markiert und passende „Spielsteine“ findest du in deiner Umgebung.

Stecknadelspiel

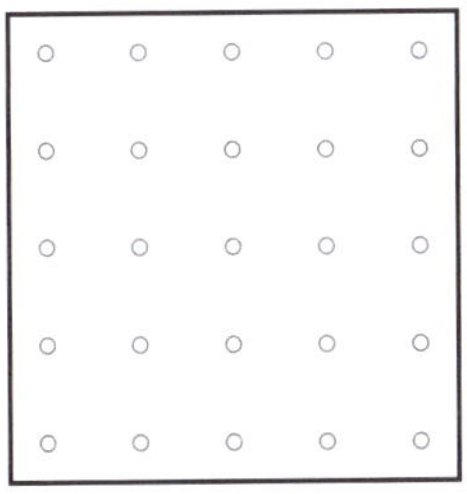

Spielfeld
Das Spielfeld besteht aus 5 x 5 Punkten, es kann auch mit weniger oder mehr Punkten angelegt werden.

Spielregel
Jeder Spieler markiert abwechselnd Punkte mit seiner Farbe in dem Punktefeld und zeichnet einen Strich waagerecht, senkrecht oder diagonal zu einem benachbarten Punkt. Dadurch füllt sich das Punktefeld mit diesen „Stecknadeln". Der benachbarte Punkt darf aber noch nicht von einem anderen Spieler besetzt sein. Ziel ist es, mit drei benachbarten Punkten am Spielende Dreiecke zu bilden.

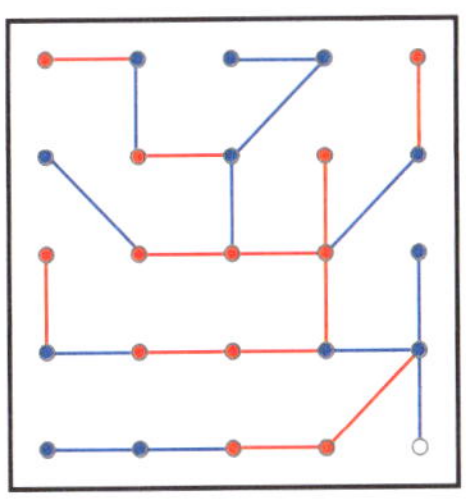

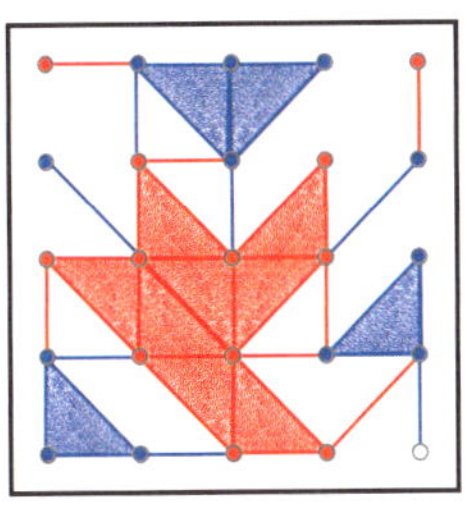

Der rote Spieler kann **8 Dreiecke** bilden und gewinnt.

So könnte das Punktefeld aussehen, nachdem alle möglichen Punkte besetzt wurden. (Es kann vorkommen, dass nicht alle Punkte besetzt werden können und frei bleiben.)
Anschließend werden zwischen benachbarten Punkten der gleichen Farbe die fehlenden Striche ergänzt und Dreiecke gebildet. Gewonnen hat, wer die meisten Dreiecke bilden kann.

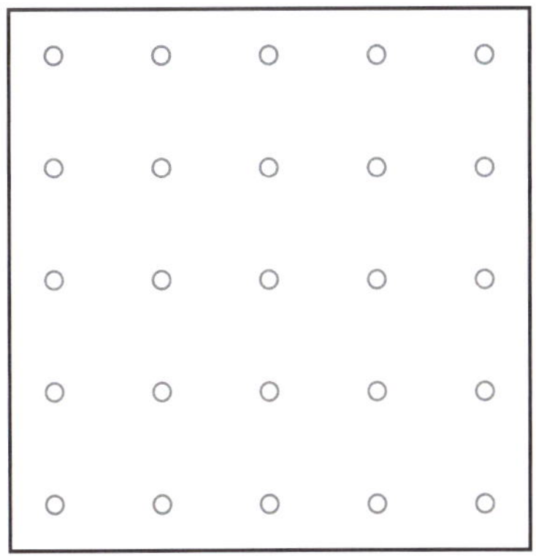

Zahlensieb

Rechne diese Aufgaben:

8 437 : 13 = 649

92 565 : 15 = ____________

6 204 · 43 = ____________

92 478 + 2 589 = ____________

307 462 – 297 866 = ____________

Suche die Ergebnisse im Zifferngitter.
Sie können so geschrieben sein: waagerecht → oder senkrecht ↓.
Streiche die Ziffern der Lösung durch.
(Einige Ziffern müssen doppelt durchgestrichen werden!)

3	5	9	6	2	1		
5	9	5	9	6	6		
8	5	0	5	1	2		
2	6	6	7	7	2		
5	0	7	3	1	3		
6	~~6~~	~~4~~	~~9~~	8	5	19	N

Lösungswort

Addiere alle Zahlen, die in jeder Zeile nicht benutzt wurden, und schreibe die Summe für jede Zeile rechts in den roten Kasten.

Suche in der Tabelle unten jeweils den zu der Summe gehörenden Buchstaben und schreibe ihn in den grünen Kasten neben der Zahl.

0	10	11	15	17	18	19	20	30	31
I	A	E	B	F	D	N	R	W	V

Kreuzzahl-Rätsel

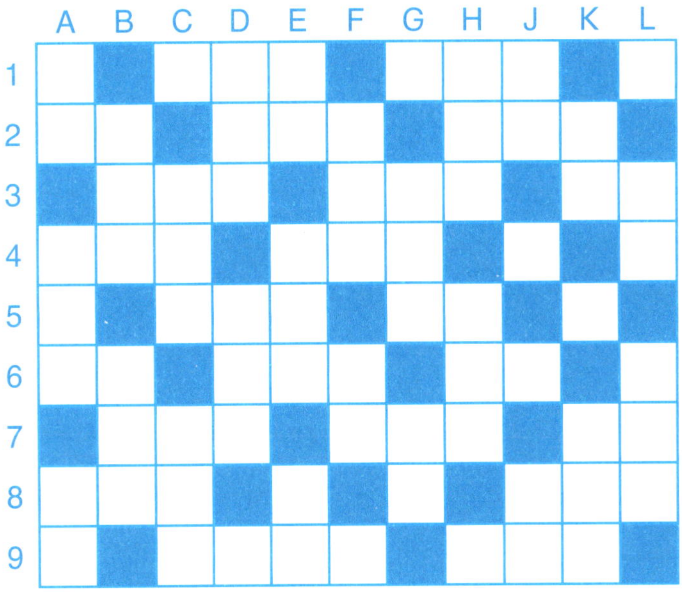

Suche das jeweilige Startfeld im Rätsel und notiere die Ergebnisse waagerecht oder senkrecht.
Beachte: In jedes Kästchen wird immer nur eine Ziffer geschrieben!

waagerecht			
1A 133 : 19	**1C** 8 · 18	**1G** 15 · 9	**1L** 80 : 16
2A 2 · 13	**2D** 7 · 15	**2H** 5 · 41	
3B 9 · 14	**3F** 12 · 10	**3K** 2 · 13	
4A 40 · 10	**4E** 80 · 10	**4J** 84 : 14	**4L** 88 : 11
5A 38 : 19	**5C** 48 · 10	**5G** 6 · 14	**5K** 80 : 20
6A 17 · 3	**6D** 15 · 7	**6H** 16 · 6	**6L** 100 : 25
7B 31 · 10	**7F** 75 · 10	**7K** 5 · 18	
8A 534 : 2	**8E** 72 : 12	**8G** 68 : 17	**8J** 70 · 10
9A 128 : 16	**9C** 100 · 10	**9H** 38 · 10	

senkrecht		
1A 6 · 12	**4A** 25 · 17	**8A** 2 · 14
2B 61 · 10	**6B** 8 · 17	
1C 16 : 16	**3C** 68 · 3	**7C** 9 · 19
1D 2 · 208	**5D** 81 · 10	**9D** 0 · 24
1E 2 · 20	**4E** 4 · 200	**8E** 5 · 12
2F 51 · 10	**6F** 3 · 19	**9F** 0 · 16
1G 17 : 17	**3G** 4 · 52	**7G** 3 · 18
1H 32 · 10	**5H** 49 · 10	**9H** 48 : 16
1J 2 · 25	**4J** 108 : 18	**8J** 6 · 13
2K 4 · 13	**5K** 48 : 12	**7K** 90 · 10
1L 85 : 17	**3L** 4 · 17	**6L** 40 · 10

Flechtmuster

Übertrage das Flechtmuster in die Kästchen.
Male das Muster farbig aus.

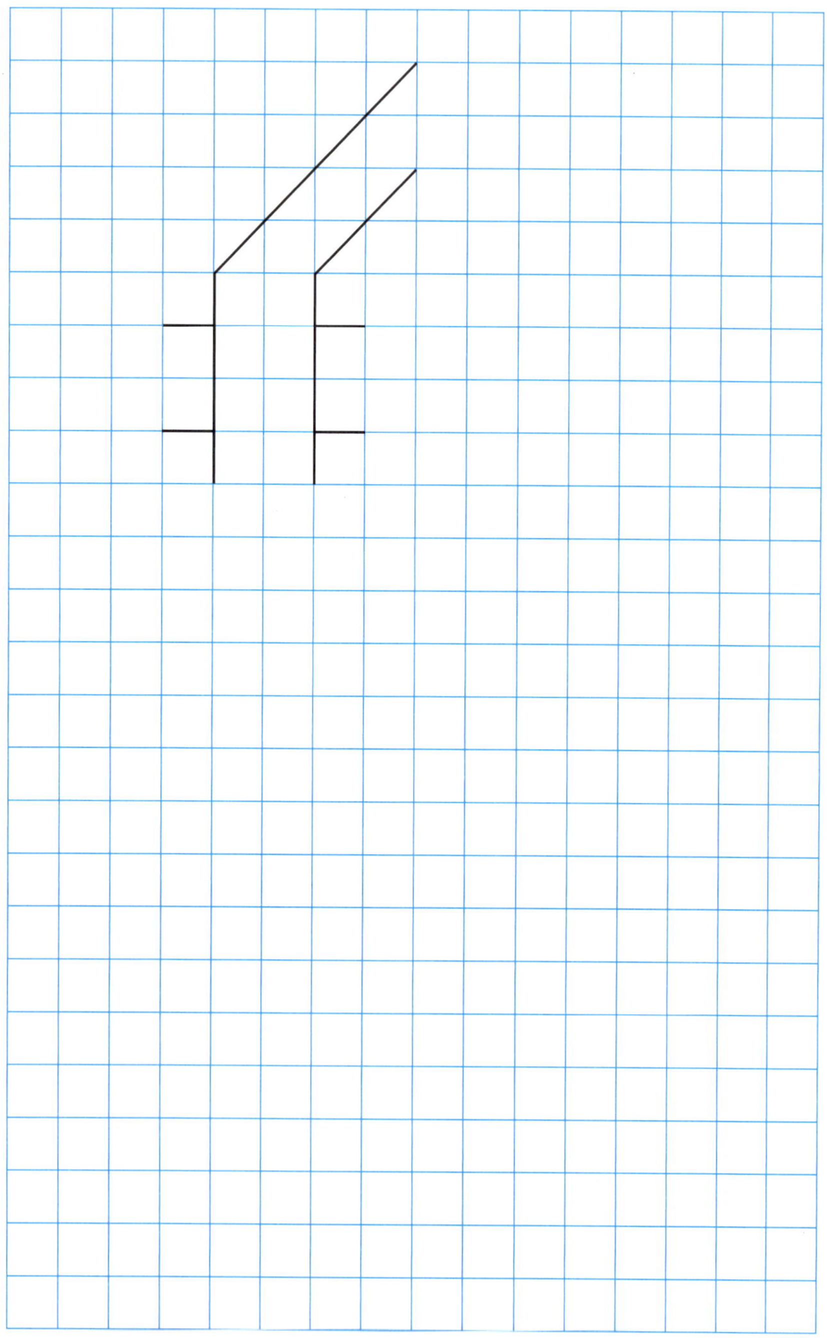

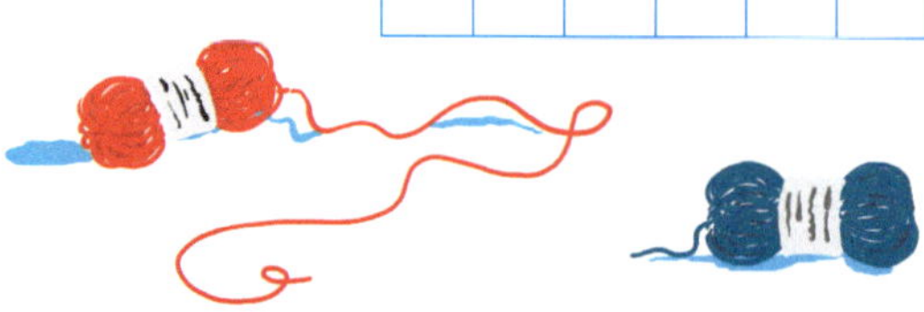

Rätsel mit römischen Zahlen

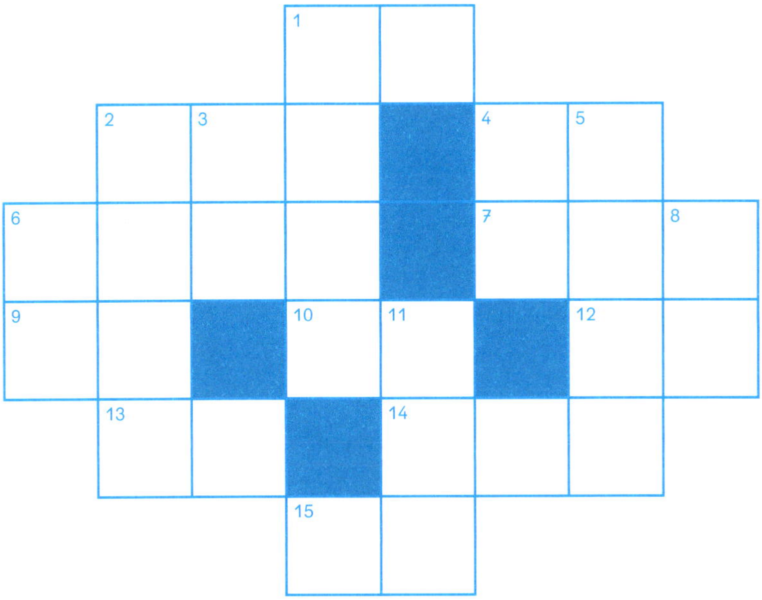

Die Römer hatten nur sieben Zahlzeichen: I, V, X, L, C, D und M.

Aus Ziffern sind die Zahlen heute,

Schreibe diese mit römischen Zahlzeichen geschriebenen Zahlen mit unseren Ziffern.

waagerecht

- 1 X X V I I
- 2 C X L V
- 4 L X X I
- 6 M M M D C X X X V I
- 7 C C I V
- 9 X C I I
- 10 L X X V I I
- 12 X X I I I
- 13 X L I X
- 14 C M V I I
- 15 L X X X I I I

senkrecht

- 1 M M D L X V I I
- 2 M D C X X I V
- 3 X L I I I
- 4 L X X I I
- 5 M X X V I I
- 6 X X X I X
- 8 X L I I I
- 11 D C C X C I I I

Einmaleins-Versteck

Im Ziffernfeld sind Einmaleinsaufgaben versteckt. Die Aufgaben sind entweder waagerecht → oder senkrecht ↓ oder diagonal ↘↗ angeordnet.

5	6	7	9	9	8	7	2	1	9
9	7	6	3	5	9	4	3	6	0
6	1	4	3	6	1	8	5	2	0
6	9	2	8	3	7	2	1	1	1
4	7	5	2	0	9	1	5	2	7
2	2	3	4	2	8	6	7	4	2
4	0	8	5	8	4	0	3	1	7

Suche die Einmaleinsaufgaben.
Kreise die gefundenen Aufgaben ein und schreibe sie hier auf.

9 · 8 = 72
☐ · ☐ = ☐
☐ · ☐ = ☐
☐ · ☐ = ☐
☐ · ☐ = ☐
☐ · ☐ = ☐
☐ · ☐ = ☐

☐ · ☐ = ☐
☐ · ☐ = ☐
☐ · ☐ = ☐
☐ · ☐ = ☐
☐ · ☐ = ☐
☐ · ☐ = ☐
☐ · ☐ = ☐
☐ · ☐ = ☐

☐ · ☐ = ☐
☐ · ☐ = ☐
☐ · ☐ = ☐
☐ · ☐ = ☐
☐ · ☐ = ☐
☐ · ☐ = ☐
☐ · ☐ = ☐

Spiegelbild

E2 → C1 → A1 → B3 → B5 → A5 → C9 → D7 → D5 → E10

Markiere die Punkte im Gitternetz.
Verbinde sie nacheinander mit geraden Linien. Benutze das Lineal.
Dabei entsteht eine Figur links von der Symmetrieachse.

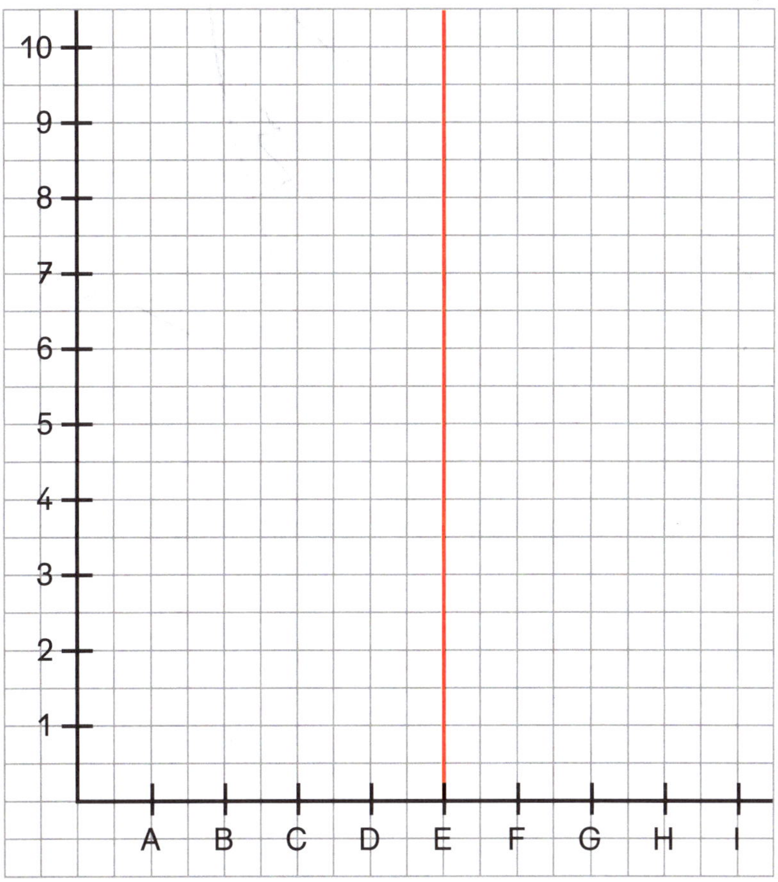

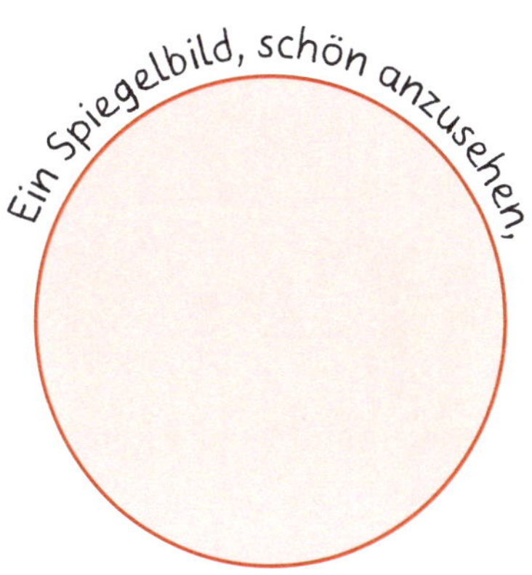

Übertrage die Punkte symmetrisch auf die rechte Seite der Achse und verbinde sie ebenfalls mit geraden Linien. So entsteht insgesamt eine symmetrische Figur.
Bezeichne die symmetrischen Punkte der rechten Seite.

E2 → ___ → ___ → ___ → ___ → ___ → ___ → ___ → ___ → ___

Zahlenbild

1. 6 000 mm = ☐ m
2. 963 g + ☐ g = 1 kg
3. ☐ cm = 290 mm
4. ☐ • 20 cm = 1 m
5. 3 l – ☐ l 45 ml = 945 ml
6. 761 g + 239 g = ☐ kg
7. 89 cm + ☐ cm = 1 m
8. 1 300 cm = ☐ m
9. 1 t – ☐ kg = 968 kg
10. 25 ct • 12 = ☐ €
11. 927 kg + ☐ kg = 1 t
12. 1 dm + 6 cm = ☐ cm
13. 1 m : 4 = ☐ cm
14. ☐ m = 1 800 cm
15. 3 kg 30 g + 970 g = ☐ kg

Setze die fehlenden Zahlen ein.
Suche die Lösung im Bild unten.
Verbinde die Punkte in der Reihenfolge der Aufgaben.

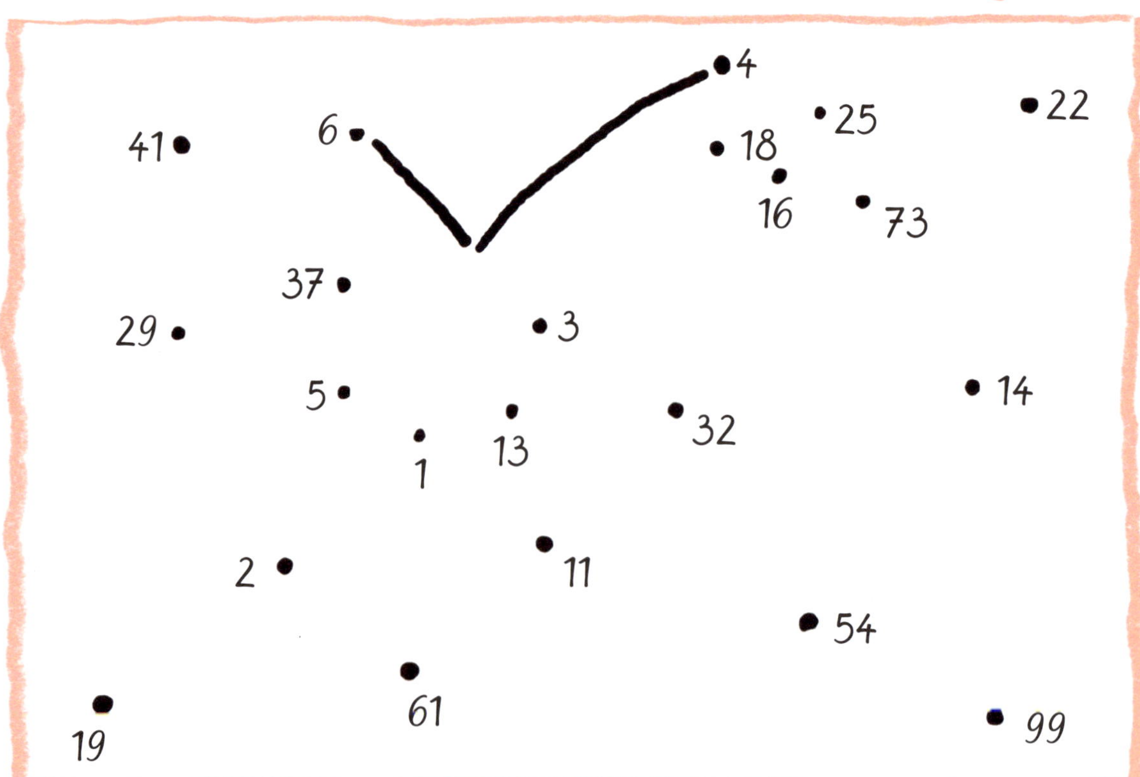

Der Weg durch das Labyrinth

Ein Labyrinth hat einen Weg, der immer in die Mitte führt. Manchmal ist dieser Weg sehr verschlungen. Aber da es nur einen Weg gibt, kannst du dich in einem echten Labyrinth nicht verlaufen.

Labyrinthe sind schon seit hunderten von Jahren bekannt. Das Bild oben zeigt ein Labyrinth auf einer alten Münze. Diese Münze stammt aus Griechenland.

Suche den Weg zur Mitte und zeichne ihn mit deinem Stift nach.

Du kannst dieses Labyrinth zum Beispiel mit Linien auf den Strand zeichnen. Probiere hier aus, wie du die Zeichnung richtig anlegst. Verbinde die Punkte mit gleicher Zahl durch Bögen. Die Bögen dürfen nur über den oberen Teil der Startfigur (blaue Linien) laufen.

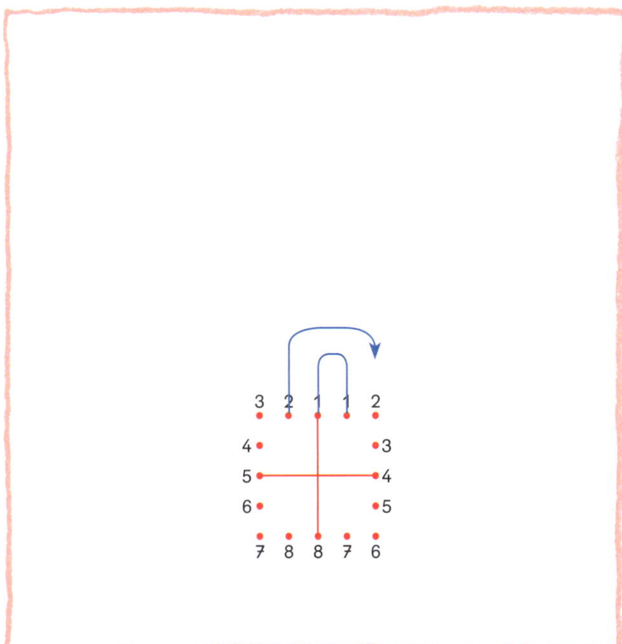

Punkteraster

In dem Punkteraster dürfen zwischen zwei Punkten Striche waagerecht oder senkrecht gezogen werden, aber nicht schräg. Dabei können die Striche Quadrate umschließen.

Zeichne 14 Striche so, dass sie möglichst viele Quadrate umschließen.

Zeichne 14 Striche so, dass sie möglichst wenige Quadrate umschließen.

Umbau

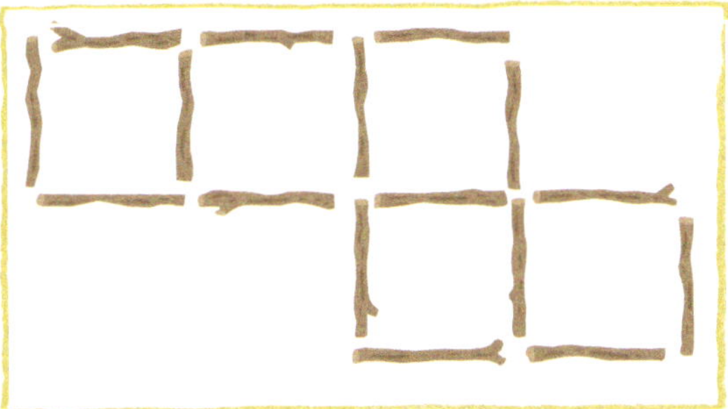

Lege die Figur mit Ästen oder Hölzern nach.
Lege zwei Hölzer so um, dass nur noch vier Quadrate zu sehen sind.

Lege die Figur mit Ästen oder Hölzern nach.
Lege drei Hölzer so um, dass nur noch vier Quadrate zu sehen sind.

Hölzchen hin, Hölzchen her,

Lege drei Scheiben so um, dass das Dreieck mit der Spitze nach unten steht.

Geheimschrift

Wenn du geheime Botschaften schreiben willst, brauchst du ein Geheim-Alphabet. So kannst du ein Geheim-Alphabet leicht herstellen:

Beschrifte die drei Gitter mit den Buchstaben des Alphabets.
Das letzte leere Feld im 3. Gitter bekommt keinen Buchstaben. Es wird dazu benutzt, die einzelnen Wörter voneinander zu trennen.

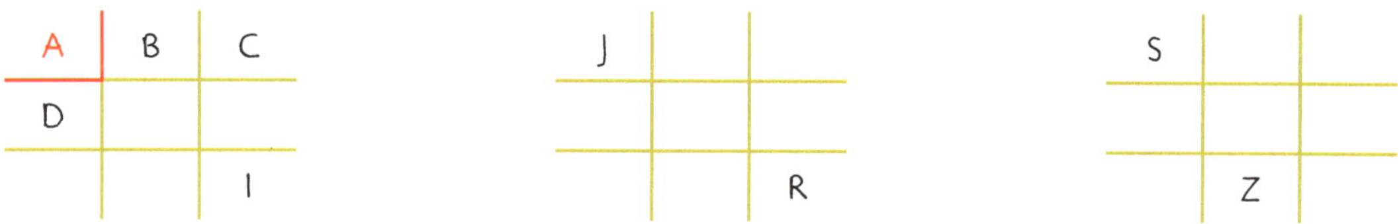

Die Seitenbegrenzungen der einzelnen Felder stellen die Verschlüsselung der Buchstaben dar. Zur Unterscheidung werden die Buchstaben des 2. Gitters mit einem Punkt und die Buchstaben des 3. Gitters mit einem kleinen Kreis markiert.

Vervollständige das Geheim-Abc.

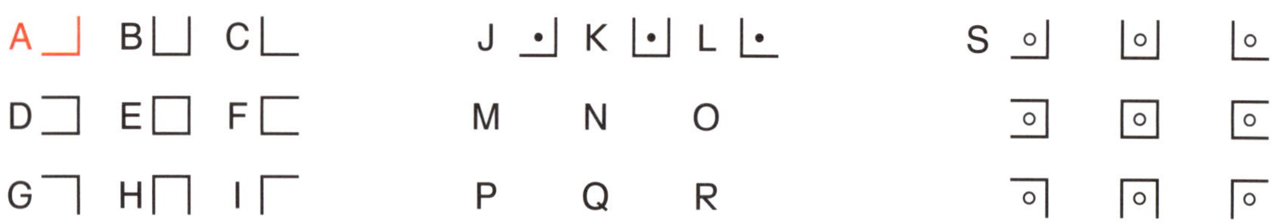

Entschlüssele diese Botschaft.

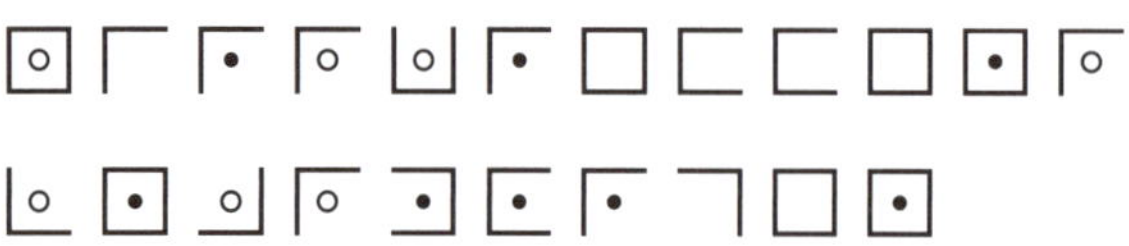

Reise durchs Heft

Seite 28 Welcher Buchstabe steht in der Geheimschrift für das Zeichen ⊡? ☐ 6

Seite 6 In dem Buchstabenfeld ist auch eine Blume versteckt.
Du benötigst von ihr den **2. Buchstaben**. ☐ 2

Seite 21 Wie heißt das römische Zahlzeichen für tausend? ☐ 10

Seite 23 Wie heißt die rote Linie in der Mitte des karierten Feldes?
Du benötigst den **5. Buchstaben**. ☐ 11

Seite 13 Was bedeutet die Abkürzung QS? Du benötigst den **5. Buchstaben**. ☐ 1

Seite 10 Dürer hat auf dem Zauberquadrat in den beiden mittleren Feldern der letzten Reihe das Jahr versteckt, in dem er das Kunstwerk geschaffen hat.
Bilde die QS von dieser Jahreszahl.
Du benötigst den **Anfangsbuchstaben** des Zahlworts dieser Zahl. ☐ 5

Seite 25 Was zeigt die alte Münze aus Griechenland?
Du benötigst den **3. Buchstaben**. ☐ 7

Seite 24 Welches Bild entstand? Du benötigst den **letzten Buchstaben**. ☐ 4

Seite 8 Wo sitzt der Ägypter? Unter einer …?
Du benötigst den **3. Buchstaben**. ☐ 8

Seite 11 Wie werden die Pläne genannt? Du brauchst den **3. Buchstaben**. ☐ 9

Seite 18 Welcher Buchstabe ist der Zahl 19 zugeordnet? ☐ 3

Deine Lehrerin freut sich über eine Ansichtskarte mit dem Lösungswort.

Lösung:

☐ 1 ☐ 2 ☐ 3 ☐ 4 ☐ 5 ☐ 6 ☐ 7 ☐ 8 ☐ 9 ☐ 10 ☐ 11

4 Die Summe der Zahlen der drei Quadrate ergibt immer die Zahl im Sechseck.

5 Die Rechnungen des Zahlentrichters führen immer wieder zur Ausgangszahl.

6

K	L	A	S	S	E	K	B	Q	Z	R
Y	D	R	E	I	E	C	K	U	Y	O
D	P	K	E	G	E	L	U	A	L	S
R	Y	R	O	C	K	W	G	D	I	E
A	R	E	A	A	H	R	E	R	N	J
C	A	I	R	O	X	T	L	A	D	R
H	M	S	M	F	U	S	E	T	E	U
E	I	T	R	A	P	E	Z	C	R	H
N	D	H	R	L	M	A	U	S	K	M
Ä	E	R	O	T	Q	U	A	D	E	R
W	Ü	R	F	E	L	R	H	U	N	D

7 **1. Reihe:** 432; 876; 321; 765
2. Reihe: immer – 198, also 234; 789; 345; 123
3. Reihe: immer + 3087: also 9876; 7654; 8765; – 3087: also 3456; 2345

8

23 · 19	18 · 24	31 · 18
1 · 19 = 19	~~1 · 24 = 24~~	1 · 18 = 18
2 · 19 = 38	2 · 24 = 48	2 · 18 = 36
4 · 19 = 76	~~4 · 24 = 96~~	4 · 18 = 72
~~8 · 19 = 152~~	~~8 · 24 = 192~~	8 · 18 = 144
16 · 19 = 304	16 · 24 = 384	16 · 18 = 288
23 · 19 = 437	18 · 24 = 432	31 · 18 = 558

9

7	8	9	10
11	12	13	14
15	16	17	18
19	20	21	22

22	8	9	19
11	12	13	14
15	16	17	18
10	20	21	7

22	8	9	19
11	17	16	14
15	13	12	18
10	20	21	7

10

16	3	2	13
5	10	11	8
9	6	7	12
4	15	14	1

Summe 34

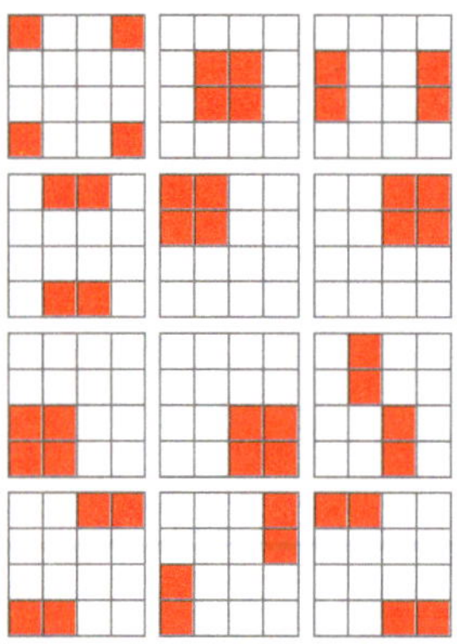

Weitere Muster sind möglich.

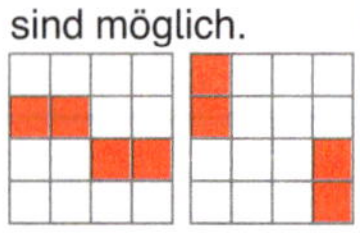

11

E: 2 / 2 1 1 2 / 1

C: 1 2 3 2 1

B: 3 1 1 3 / 1

A: 4 1 1 3

D: 4 4 1

12

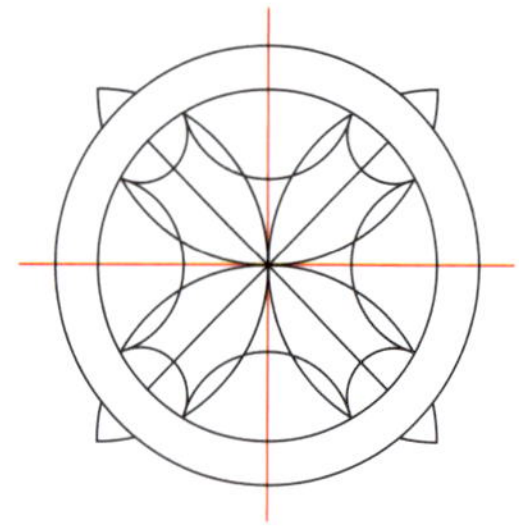

13 23457 QS 21; 76024743 QS 33; 563947 QS 34; 76244; 714331; 6334450
75427 QS 25 LQS 7; 103535 QS 17 LQS 8; 542891 QS 29 LQS 2
Wenn die Zahlen durch 9 dividiert werden, ist der Rest immer die LQS.

14

oben	links	rechts	unten	
3	3	4	3	richtig!
7	6	1	6	falsch! richtig: 1498848
9	9	7	9	richtig!
8	4	2	8	richtig!
1	3	9	9	falsch! richtig: 4371840

15

2	4	1	3
1	3	2	4
3	1	4	2
4	2	3	1

2	5	4	6	3	1
6	1	3	5	2	4
4	2	6	1	5	3
1	3	5	2	4	6
5	4	1	3	6	2
3	6	2	4	1	5

8

649; 6171; 266772; 95067; 9596
1. Reihe 3 + 5 + 6 + 2 + 1 = 17
2. Reihe 5 + 6 = 11
3. Reihe 8 + 5 + 5 + 2 = 20
4. Reihe alles durchgestrichen = 0
5. Reihe 5 + 0 + 3 + 3 = 11
6. Reihe 6 + 8 + 5 = 19
Lösungswort: FERIEN

9

	A	B	C	D	E	F	G	H	J	K	L
1	7	■	1	4	4	■	1	3	5	■	5
2	2	6	■	1	0	5	■	2	0	5	■
3	■	1	2	6	■	1	2	0	■	2	6
4	4	0	0	■	8	0	0	■	6	■	8
5	2	■	4	8	0	■	8	4	■	4	■
6	5	1	■	1	0	5	■	9	6	■	4
7	■	3	1	0	■	7	5	0	■	9	0
8	2	6	7	■	6	■	4	■	7	0	0
9	8	■	1	0	0	0	■	3	8	0	■

21

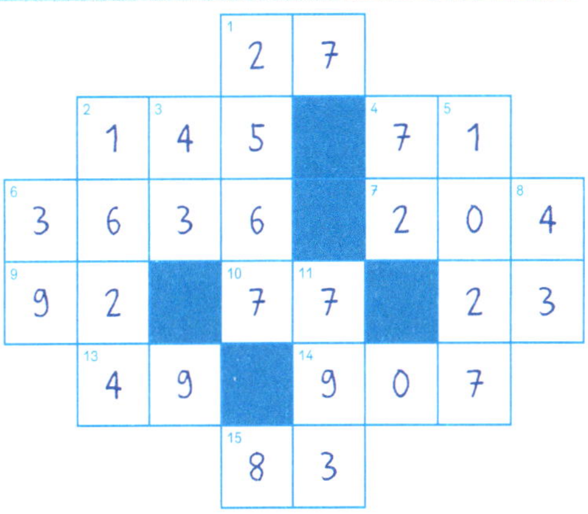

22

23

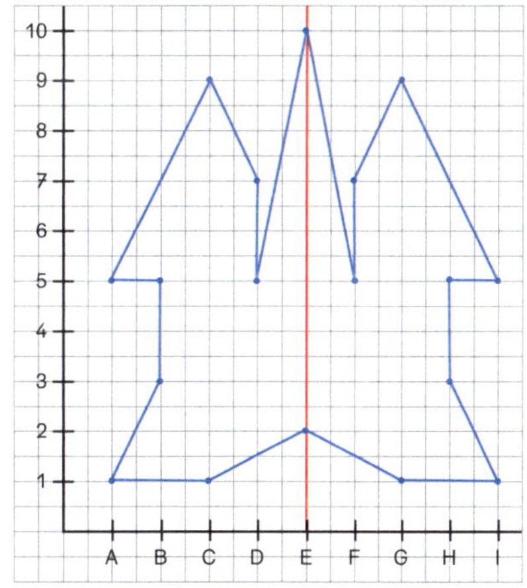

E2 → I1 → G2 → H3 → H5 → I6 →
G9 → F7 → F5 → E10

24

Die Punkte werden in dieser Reihenfolge verbunden:
6 – 37 – 29 – 5 – 2 – 1
– 11 – 13 – 32 – 3 – 73
– 16 – 25 – 18 – 4

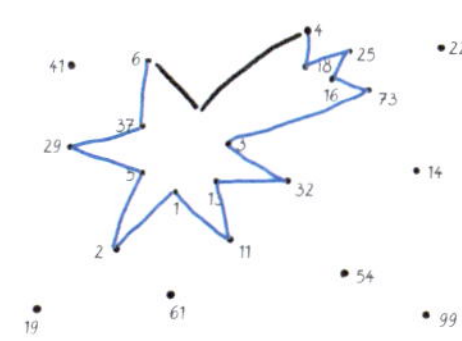

26

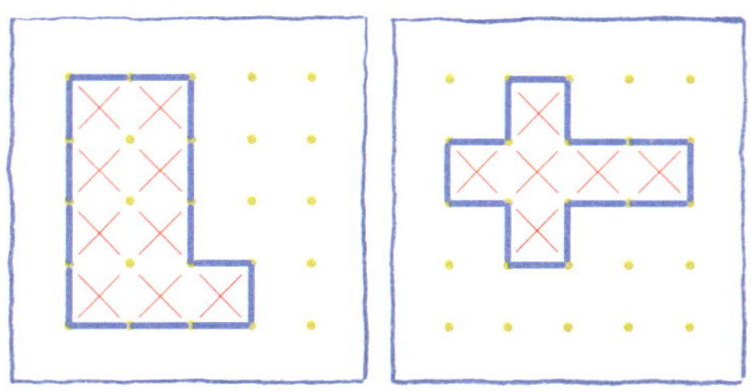

9 Quadrate 6 Quadrate

27

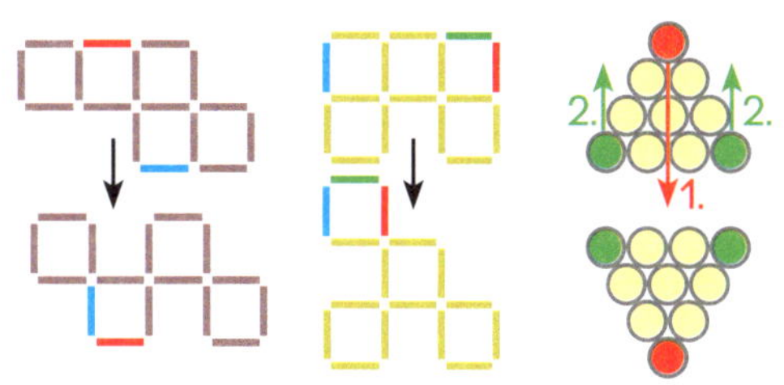

28

WIR TREFFEN UNS MORGEN

Erarbeitet von Dieter Eccarius
Redaktion Peter Groß
Illustration Barbara Jung
Innengestaltung Birgit Riemelt

Hinweise für die Erwachsenen

Ferien sind Ferien. Die Reise durch die Knobeleien, Aufgaben und Rätsel des Heftes soll den Kindern ein Vergnügen sein, freiwillig und spielerisch.
Manchmal wird es hilfreich sein, Bastelvorschläge oder ein Spiel gemeinsam anzugehen. Dann macht es auch noch mehr Spaß.
Und wenn es Spaß macht, lernt man am besten.

Die hier aufgeführten Übungsaspekte in den Aufgaben und Spielen sind exemplarisch und nur zur Orientierung für interessierte Erwachsene:

2 Orientierung, Rechenbäume **4** Kopfrechnen Addition und Subtraktion **5** Kopfrechnen alle vier Grundrechenarten **6** Namen von Flächen und Körpern finden **7** Schriftliche Addition und Subtraktion **8** Ägyptische Multiplikation ausführen (verdoppeln/addieren) **9** Magische Quadrate herstellen und **10** untersuchen (Kopfrechnen) **11** Pläne für Bauwerke ergänzen (Draufsichten) **12** Figur mit dem Zirkel symmetrisch ergänzen **13** Quersummen bilden **14** Neunerprobe für die Multiplikation anwenden **15** Sudoku **16** Strategiespiel Dreierreihe **17** Strategiespiel/ Stecknadelspiel **18** Alle vier schriftlichen Rechenverfahren üben **19** Alle vier Rechenverfahren mündlich und schriftlich üben **20** Flechtmuster zeichnen **21** Römische Zahlzeichen lesen **22** Einmaleins-Aufgaben finden **23** Symmetrisches Ergänzen **24** Mit verschiedenen Größen rechnen **25** Labyrinthe herstellen **26** Fläche und Umfang **27** Figuren durch Umlegen verändern **28** Geheimschrift entwickeln und anwenden
Umschlag hinten Aus Würfelnetzen Würfel bauen und zu einem Bauwerk zusammensetzen

Bildquellen

S. 10.1 Albrecht Dürer Selbstporträt: akg-images / Erich Lessing;
S. 10.2 Magisches Quadrat (Detail aus der Melancolia von Albrecht Dürer): akg-images;
S. 14 Adam Riese: akg-images;
S. 16.1 Spielfeld im Sand: Peter Groß, Berlin;
S. 16.2 Spielfeld auf der Straße: Dieter Eccarius, Freudenstadt;
S. 25 Griechische Münze mit Labyrinth: akg-images / John Hios